Geoquímica del Valle del Mezquital

Portadilla

Geoquímica del Valle del Mezquital

Dr. José Angel Cobos Murcia
Dr. Sinuhé Ruiz Salgado

Página de cortesía

En Portada:

Descripción: Los Frailes
Autor: panza.rayada

Tomada: El 27 de febrero del 2013
Permiso: Creative Commons

Contenido

PORTADA EXTERIOR   1

PORTADILLA   2

PÁGINA DE CORTESÍA   3

PÁGINA LEGAL   4

CONTENIDO   6

LA CARACTERIZACIÓN GEOLÓGICA DE LOS FENÓMENOS HIDROTERMALES Y LOS
BENEFICIOS DE ESTOS EN LA POBLACIÓN DE IXMIQUILPAN, HIDALGO, MÉXICO.   7

EL ELEMENTO ARSÉNICO EN LAS AGUAS SUBTERRÁNEAS EN EL ACUÍFERO DEL
VALLE DE MEZQUITAL   15

DETECCIÓN DE CADMIO, NÍQUEL Y PLOMO EN EL SUELO DE YONTHE CHICO,
ALFAJAYUCAN HIDALGO   27

MODELO GEOQUÍMICO CONCEPTUAL DE LA EVOLUCIÓN DEL AGUA SUBTERRÁNEA
EN EL VALLE DE MÉXICO   32

CONTAMINACIÓN POR METALES PESADOS EN SUELOS AGRÍCOLAS EN LA ZONA
CENTRO DE LA LOCALIDAD DE SAN JUAN TEPA   38

CONTRAPORTADA   48

La caracterización geológica de los fenómenos hidrotermales y los beneficios de estos en la población de Ixmiquilpan, Hidalgo, México.

Introducción

La hidroterapia se define, según la Real Academia de la Lengua, como "método curativo por medio del agua". Es una terapia donde se utiliza el agua como agente terapéutico ya sea de forma térmica, mecánica o química, se utiliza en todas sus formas y temperaturas. Las fuentes termales en el municipio de Ixmiquilpan, Hidalgo, se podrían asociar a la caldera aquí conocida como Mezquital, así mismo el termalismo en el municipio de Ixmiquilpan está altamente vinculado al turismo de salud y tiene potencial de desarrollo. Los fenómenos hidrotermales son aquellos procesos, substancias y fenómenos naturales vinculados a agua caliente y su dinámica; El presente trabajo tiene como finalidad el dar a conocer cómo es que un sistema hidrotermal tiene un efecto benéfico en una sociedad, es importante dar a conocer que en el estado de Hidalgo y en lo particular en el municipio de Ixmiquilpan, la población aprovecha el sistema hidrotermal que se tiene, para darle un uso médico conocido como hidroterapia.

Como primer lugar se pretende dar a conocer las generalidades de lo que involucra la hidroterapia, por definición se tiene que es un tratamiento estético que favorece la relajación muscular y es un revitalizante para las personas que adquieren este servicio, se basa en la aplicación de agua a diferentes temperaturas y presiones, lo que hace que sea un tratamiento natural y muy eficaz brindando resultados satisfactorios al paciente (Díaz, 2017), así mismo estos resultados son consecuencia de que existen diferentes tipos de aguas y esto se da gracias a que adquieren minerales de acuerdo al ambiente en el que se encuentren

Cabe destacar que la hidroterapia se da gracias al "hidrotermalismo", que se conoce como el conjunto de efectos producidos por el agua a una temperatura mayor que la ambiental. A los lugares donde brota esta agua se les conoce como manantiales termales. (Pantoja Alor & Gómez Caballero, 2004). Los manantiales termales que se tienen en Ixmiquilpan se originan gracias a la caldera conocida como "Mezquital".

Una caldera es conocida como una depresión volcánica en forma más o menos circular, la estructura circular aquí denominada Mezquital corresponde a una estructura volcánica (caldera) localizada en la porción centro-occidental del estado de Hidalgo. (Avelino, 2008), es importante dar a conocer el beneficio trae esta caldera al municipio de Ixmiquilpan.

Discusión

Beneficios en la salud que aporta una caldera

La hidroterapia se define, según la Real Academia de la Lengua, como "método curativo por medio del agua". Es una terapia donde se utiliza el agua como agente terapéutico ya sea de forma térmica, mecánica o química. Se utiliza en todas sus formas y temperaturas

Es una terapia natural llena de beneficios y propiedades para la salud. La hidroterapia tiene una influencia beneficiosa sobre la salud gracias a los siguientes tres elementos principales: el calor, flotabilidad y el masaje (Díaz, 2017). En la rama de Hidrología se tiene como clasificación de aguas mineromedicinales para referirse a aquellas aguas que tienen aplicaciones terapéuticas, ya que en este caso son las sustancias que forman parte de la composición del agua son las que actúan sobre el organismo, previniendo o aliviando diversas afecciones (Díaz, 2017).

En consecuencia, es preciso que distingamos las clasificaciones de los tipos de aguas minero-termales, de acuerdo con sus temperaturas que van desde ser aguas frías que se encuentran menos de 20°C, las aguas denominadas como Templadas rondan entre los 30 y los 21°C, las aguas Termales están entre los 31°C y los 40°C, Existen también las "Hipertermales" que son superiores a los 40°C.

Según a su composición están también divididas en aguas Sulfurosas las cuales son aguas que contienen en disolución Sulfuro de Hidrógeno (H_2S) en concentraciones superiores a 1 mg/l. y olor que recuerda los huevos podridos, y elevada cantidad de bacterias en suspensión. (Medicinales, 2019). El H_2S es un gas incoloro, siendo un ácido débil, es muy soluble en agua. Se le considera que es más pesado que el aire, muy tóxico, inflamable y corrosivo. Si concentración es alta sus efectos tóxicos son comparables al del CO_2 y Cianuro. La estabilidad depende del pH, temperatura y concentración de oxígeno del medio ambiente. (Fernández, 2017).

Las aguas Sulfatadas pertenecen al grupo de aguas mineromedicinales aquí predomina el anión sulfato (con más de 20 % meq/l) y están influidas fuertemente en sus propiedades terapéuticas por otros iones como sodio, magnesio, bicarbonato y cloruro. (Fagundo, Cima, & González, 2019) Su mineralización y temperatura son variables. (Medicinales, 2019).

Por su parte las aguas Cálcicas son aguas ricas en calcio, normalmente asociadas a sulfuros con más de 1 g/l de sustancia mineral, donde el ion calcio posee una concentración superior al 20 % meq/l. (Fagundo, Cima, & González, 2019) Se comportan cómo protectoras del aparato digestivo, sedantes y antiespasmódicas, diuréticas y reductoras de la tensión sistólica. (Medicinales, 2019). Las aguas consideradas como Magnésicas son las aguas ricas en magnesio. Presentan acción purgativa, ya que facilitan el tránsito digestivo y la función renal, y vasodilatadora. Por ello están indicadas en disfunciones digestivas, hepáticas y renales, así como en la prevención y tratamiento de la arterioesclerosis y enfermedades cardiovasculares. (Medicinales, 2019). Cuentan con más de 1 g/l de sales solubles totales y más de 20 meq/l de ion Mg^{2+}. (Fagundo, Cima, & González, 2019). Las que se clasifican como Sódicas son las aguas ricas en sodio con más de 1 g/l de sustancia mineral, donde el ion sodio posee una concentración superior al 20 % meq/l. (Fagundo, Cima, & González, 2019). Estas aguas dificultan el desarrollo de ciertos gérmenes, protectora hepática, colagoga y antitóxica. Se recomienda en la recuperación de heridas infectadas. (Medicinales, 2019)

En las aguas Cloruradas predomina el anión cloruro y los cationes predominantes suelen ser el sodio, el calcio o el magnesio. La mineralización total debe superar un g/L. Las de muy alta mineralización total son mayores a 50 g/L suelen ser frías y las de baja mineralización suelen ser termales. (Médica, 2019). Las aguas Bicarbonatadas contienen más de 1 g/l de sustancias mineral, en donde el ion bicarbonato (con más de 20% meq/l) es acompañado de calcio, magnesio, sodio, cloruro y otros. Estas aguas cuando poseen gran cantidad de ácidos libres (CO_2 mayor de 250 mg/l), también se denominan carbónicas o carbono-gaseosas (Fagundo, Cima, & González, 2019)

Las aguas que son Ferruginosas son aguas ricas en hierro. Se recomiendan especialmente para anemias ferropénicas, trastornos del desarrollo, convalecencias e hipertiroidismo; también son muy recomendables en regímenes adelgazantes. (Medicinales, 2019).

Existen también las aguas que se clasifican como de tipo Radioactivas son aquellas aguas que emiten radioactividad natural, desprendiendo partículas ionizantes debido a su contenido en gas radón. (Medicinales, 2019). Contienen gas radón de manera natural, esta radioactividad aplicada en las curas termales no tiene un riesgo, por lo que han demostrado beneficios sobre el sistema neurovegetativo, endócrino e inmune. (Médica, 2019).

Por su parte las aguas Fluoradas son aquellas aguas ricas en flúor, la fluoración del agua es el proceso por el cual se agrega fluoruro al suministro de agua hasta que alcance una concentración de aproximadamente 0,7 ppm (partes por millón), o 0,7 miligramos de fluoruro por litro de agua ya sea de manera natural o por vía del ser humano. (Institute, 2017). Estos tipos de agua presentan acción beneficiosa para la estructura ósea, protectora de la formación y conservación de la dentadura y preventivas de la osteoporosis, ya que se asocia al calcio con facilidad. (Medicinales, 2019). Las aguas Oligometálicas se denominan así debido a que presentan concentraciones minerales muy bajas, pero que contienen componentes específicos activos de gran valor terapéutico. Presentan principalmente acción diurética, favorecedora de la secreción de residuos y coadyuvante en la regulación del nivel de agua óptimo para el organismo. Indicadas para litiasis, determinadas afecciones renales, retención de líquidos, etc. Como lo son: cromo, magnesio, cobalto, silicio, flúor. (Medicinales, 2019).

La caldera de Ixmiquilpan

El estado de Hidalgo está situado en México central, este tiene principalmente rasgos de tectónica activa, que se concentra en la Faja Volcánica Transmexicana (FVTM), (Avelino, 2008), que se cataloga como una entidad geológica distintiva la cual ocurrió durante el Mioceno medio y tardío, como resultado de una rotación antihoraria del arco que formó la Sierra Madre Occidental (Gómez et al., 2005), así como algunos otros eventos de deformación subsecuentes y en un evento distendido responsable de la formación de depresiones tectónicas que tuvo lugar durante el Eoceno y el

Oligoceno Temprano. (Escamilla at al., 2018). En la parte centro-occidental del estado de Hidalgo, en la región de Ixmiquilpan, Progreso, Tepatepec y el Valle del Mezquital, se identifican al menos tres estructuras circulares o semicirculares.

La estructura circular aquí denominada Mezquital corresponde a una estructura volcánica conocida como "Caldera", la cual presenta un diámetro aproximado de 20 km y sus márgenes son difíciles de reconocer, ya que están cubiertos por aluvión, afloramientos de sedimentos flaviolacustres del Pleistoceno (Formación Tarango) y basaltos cuaternarios.

La estructura circular aquí denominada Mezquital según (Avelino, 2008) está cubierta por aluvión y basaltos cuaternarios de la Formación Tarango, (Cervantes Medel & Armienta, 2004) del mismo modo se tiene registro que el margen sur corresponde al límite de la facies de banco marino de la Formación "El Doctor" (Fries, 1960) situado a proximidad de la población de Tepatepec, mientras que su margen sudoccidental está próximo al poblado de

Progreso. También se tiene un anticlinorio de Peña Colorada orientado burdamente N-S que corta en su porción centro-oriental a esta estructura. En el margen E de la estructura circular está limitado por el valle de Actopan, en donde predominan los afloramientos de la Formación Tarango, mientras que su margen N está a escasos 750 m del poblado de Yolotepec y a 1.5 km de Julián Villagrán. Se tiene que en el interior de la estructura circular hay afloramientos cuyo predominio de calizas son de la Formación El Doctor y un solo afloramiento, situado al NW de la sierra de San Miguel de la Cal, corresponde a depósitos pelítico-calcáreos de la Formación Soyatal (Turoniano).

Las fuentes termales en el municipio de Ixmiquilpan, Hidalgo, se podrían asociar a la caldera aquí conocida como Mezquital, se tiene que considerar que las aguas termales van a adquirir su composición química mediante una serie de procesos complejos, donde van a intervenir factores de tipo químico-físico, geológico, hidrogeológico, geomorfológico, pedológico, climático, antrópico y otros (Rodríguez, 2000). Teniendo en cuenta que las rocas encontradas en este sistema como basaltos, que su principal composición mineralógica es de plagioclasa cálcica y piroxenos, al igual que las facies de fondo marino son de composición cálcica, se podría deducir de acuerdo con la clasificación de aguas minero-termales anteriormente dicha, que las aguas termales que abarca la caldera Mezquital podrían ser cálcicas, descartando así la probabilidad de encontrar diferentes tipos de aguas en la zona.

Los beneficios de la caldera en el municipio de Ixmiquilpan.

Como principal beneficio se pondría el turismo, el turismo se clasifica de distintas formas, en específico las organizaciones del tipo de los balnearios y parques acuáticos se encuadran en el turismo de salud, el turismo social de 24 horas o entrada y salida y en algunos casos de fin de semana (Dahdá, 2003). El termalismo en el municipio de Ixmiquilpan está altamente vinculado al turismo de salud y tiene potencial de desarrollo.

De acuerdo con el censo económico (INEGI, 2004), de las 62,612 unidades económicas que se encuentran en el estado de Hidalgo, el 12.3% están dedicadas al turismo. Los principales municipios donde están concentradas las unidades económicas son Pachuca de Soto incluyendo al 40% de las unidades, seguido de Tulancingo de Bravo con el 20% e Ixmiquilpan con el 9%, otros municipios son Actopan, Tepeji del Río, Apan, Huichapan, Mineral del Monte, Ajacuba, Tecozautla y Tula de Allende; en el resto de los municipios el número es muy limitado (Hernández Calzada, Salazar Hernández, & Mendoza Moheno, 2010). La zona de parques de aguas termales en Hidalgo comprende principalmente los siguientes balnearios: Albatros, El Arenal, Chichimequillas, El Geiser, El Pathecito, Tlacotlapilco, Dios Padre, El Tephé, Tepathe, (Hernández, 2016), estando estos tres últimos ubicados en Ixmiquilpan, y al igual considerando su ubicación, estarían relacionados con la caldera Mezquital y así mismo con las aguas minero-medicinales de tipo cálcicas, que estos tipos de aguas actúan cómo protectoras del aparato digestivo, sedantes y antiespasmódicas, diuréticas y reductoras de la tensión sistólica (Medicinales, 2019)

Conclusiones

Es importante conocer que la hidroterapia es beneficiosa para el ser humano, ya que ayuda a curar diferentes malestares gracias a que ocupa los diferentes tipos de aguas mineromedicinales, así mismo es preciso conocer que cada tipo de agua se relaciona en torno a su medio ambiente, ya que como se dio a conocer en el escrito los ambientes naturales son distintos según la región en la que se encuentra. Por ello en el municipio de Ixmiquilpan cuenta con un sistema hidrotermal que es aprovechado para el turismo, en especial en el turismo de salud, así mismo se debe hacer hincapié en la parte geológica y en especial en los análisis de las aguas, ya que las empresas que ofrecen este servicio no dicen del todo claro la clasificación de sus aguas termales, si bien las utilizan para fines de hidroterapia no se tiene claro que enfermedades alivian ya que las aguas minero-medicinales y para qué sirven facilitan a la persona enferma a recurrir al lugar que ofrezca el servicio con el agua que ocupa.

Referencias

Avelino, I. H. (2008). Caracterización geológica y petrológica de la estructura circular Mezquital (Estado de Hidalgo) y su posible riesgo geológico. México, D.F.: Instituto Politécnico Nacional.

Cervantes Medel, A., & Armienta, M. (2004). Influence of faulting on groundwater quality in Valle del Mezquital, México. Geofísica Internacional, 43(3), 477-493.

Dahdá, J. (2003). Elementos de turismo: economía, comunicación, alimentos y bebidas, líneas aéreas, hotelería, relaciones públicas. México: Trillas S.A.

Díaz, M. A. (15 de Diciembre de 2017). Beneficios de la hidroterapia como parte de los servicios estéticos de un spa. Guatemala: Universidad Galileo de Guatemala. Obtenido de Universidad Galileo de Guatemala.

Escamilla Casas, J. C., Uribe Alcántara, E. M., Meneses Meneses, E., Montiel Palma, S., & Rendón Hidalgo, V. (2018). Caracterización Geoestadística de una Probable Intrusión Magmática Activa, a Partir de la Sismicidad Reciente en el Estado de Hidalgo. Boletín Científico del Instituto de Ciencias Básicas e Ingeniería (11), 43-47.

Fagundo, J. R., Cima, A., & González, P. (2019). Red de Salud de Cuba. Obtenido de Red de Salud de Cuba: http://www.sld.cu/galerias/pdf/sitios/rehabilitacionbal/clasificacion_aguas_minerales.pdf

Fernández, J. B. (2017). Aguas sulfuradas y dermatología. Revista Científica Sociedad Española de Hidrología Médica, 32(2), 177-186. doi:10.23853/bsehm.2017.0406

Fries, C. (1960). Geología del Estado de Morelos y partes adyacentes de México y Guerrero, región central meridional de México. Boletín del Instituto de Geología de la UNAM (60), 236.

Gómez Tuena, A., Orozco Esquivel, M., & Ferrari, L. (2005). Petrogénesis ígnea de la Faja Volcánica Transmexicana. Boletín de la Sociedad Geológica Mexicana (3), 277-283.

Hernández Calzada, M. A., Salazar Hernández, B. C., & Mendoza Moheno, J. (2010). Caracterización de los balnearios de la zona del Valle del Mezquital en el Estado de Hidalgo. Monterrey, Nuevo León: XIV Congreso Anual de la Academia de Ciencias Administrativas AC (ACACIA).

INEGI. (2004). Instituto Nacional de Estadística, Geografía e Informática. Obtenido de Instituto Nacional de Estadística, Geografía e Informática: https://www.datatur.sectur.gob.mx/ITxEF_Docs/HGO_ANUARIO_PDF.pdf

Institute, N. C. (15 de Mayo de 2017). National Cancer Institute. Obtenido de National Cancer Institute: https://www.cancer.gov/espanol/cancer/causas-prevencion/riesgo/mitos/hoja-informativa-agua-fluorada

Médica, S. E. (3 de Mayo de 2019). Sociedad Española de Hidrología Médica. Obtenido de Sociedad Española de Hidrología Médica: http://www.hidromed.org/hm/index.php/el-agua/aguas-cloruradas

Medicinales, A. (6 de Mayo de 2019). Balnearios de España. Obtenido de Balnearios de España: http://www.balnearios.org/aguas-medicinales

Pantoja Alor, J., & Gómez Caballero, J. A. (2004). Los sistemas hidrotermales y el origen de la vida. Ciencias. 15-16.

Rodríguez, L. S. (2000). HIDROGEOQUÍMICA DEL SISTEMA HIDROTERMAL "SAN DIEGO DE LOS BAÑOS-BERMEJALES", PINAR DEL RÍO. La Habana, Cuba: Centro Nacional de Termalismo "Víctor Santamarina".

Sánchez, A. (6 de Marzo de 2019). Fisioonline. Obtenido de Fisioonline: https://www.fisioterapia-online.com/articulos/que-es-la-hidroterapia-y-que-nos-puede-aportar

El elemento arsénico en las aguas subterráneas en el acuífero del valle de mezquital

Introducción

En el siguiente trabajo se mostrará cómo es que el arsénico pudiera llegar al acuífero del valle de mezquital ya que este es un aspecto realmente importante a tratar lo que está sucediendo en el acuífero del valle de mezquital ya que este recibe el $50m^3$/s de agua residual que no es tratada y que proviene de la Ciudad de México a través de un gran canal de desagüe y lo que realmente es importante es que esta agua es utilizada para el riego y lo que sobra se infiltra en el acuífero cuando el acuífero se recarga y la salida del acuífero se da a través de los manantiales que descargan en el río de tula. Otro aspecto realmente importante es que los pozos han sido analizados químicamente y lo que se han encontrado es que tiene grandes cantidades de concentraciones que superan el límite máximo permisible y esta concentración es principalmente el arsénico cosa que es demasiado peligroso para las personas de este municipio.

Como la mayoría de nosotros sabemos que el agua el vital para la vida de cualquier especie animal o vegetal pero el crecimiento poblacional, ha perdido el equilibrio el ciclo del agua y lo ha vuelto un recurso escaso para el hombre y para la propia naturaleza (Rodarte et al., 2011) Hace varios años estas aguas residuales empezaron a ser utilizadas sin ser tratadas y darle un mantenimiento de riego. La zona del valle de mezquital fue una zona demasiado árida lo que provocó que el agua se infiltrara y luego se recargara el acuífero, por lo cual este estudio ha seguido en práctica (Jiménez & Chávez, 2004; Friedel et al., 2000; Marín et al., 1998).

El acuífero como se ha mencionado está contaminado por el riego de agua residual que proviene de la capital del país, al grado de contener parámetros biológicos (huevos de helminto, salmonella, estreptococos fecales, coliformes fecales y coliformes totales), parámetros físicos, químicos, iones principales, elementos traza, radioactividad, compuestos aromáticos y orgánicos, plaguicidas y contaminantes emergentes. Por otro lado, los parámetros físicos, químicos, iones principales, elementos traza, radioactividad, compuestos aromáticos y orgánicos, plaguicidas y contaminantes

También se ha estudiado la absorción de metales por el subsuelo donde se encontró con contaminación por metales en sedimentos y plantas en las zonas regadas (Cajuste et al. (1991), Flores et al. (1997)). La zona de estudio se localiza en la porción central–sur del estado de Hidalgo y al límite con el estado de México. Geográficamente se encuentra entre los paralelos 19°30' y 20°22' de latitud norte y entre los meridianos 98°56' y 99°37' de longitud oeste. (Figura 1).

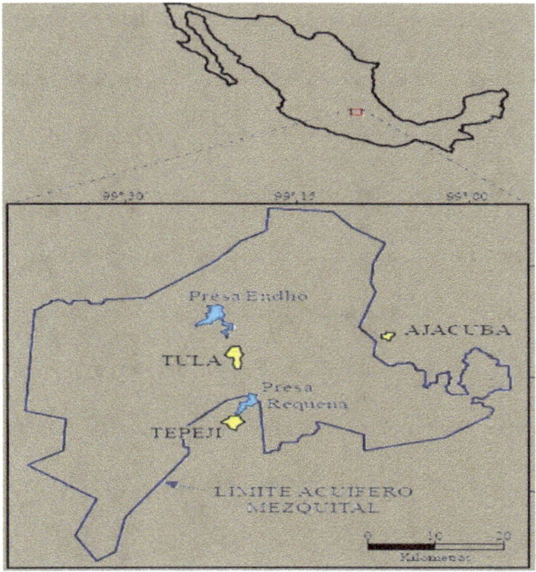

Figura 1. Localización de la zona estudiada y límite del acuífero del

Valle de Mezquital (Imagen de edición propia)

El acuífero del valle de mezquital está constituido principalmente por sedimentos aluviales como rocas volcánicas y material piroclástico, y también se ha detectado una cantidad de capas de basaltos con grandes profundidades de espesores que van desde los 90 hasta los 120 metros. Encajonando al basalto, dentro de esto se encuentran materiales granulares, sedimentos la cutres y tobas de la formación Tarango. Los pozos están aislados ubicados junto a la presa el Endhó, por lo que contienen transmisibilidades mayores de 100 x 10^{-3} m²/s, esto gracias al encontrarse con rocas basálticas. El agua subterránea fluye hacia el norte y se descarga por el drenado al rio Tula y las salidas son subterráneas. Este acuífero abarca 16 municipios de Hidalgo y nueve del Estado de México. El objetivo principal de este estudio es determinar cuáles serían las principales causas por la cual las aguas subterráneas del Valle de Mezquital contienen gran cantidad de Arsénico.

Discusión

Hidrogeoquímica y calidad del agua

En el artículo de Rodarte, R. & Galindo, E. & Diaz, F. & Fernández, G. Nos menciona que se detectaron siete aprovechamientos que están localizados al sur de Tlaxcoapan. Se han realizado una serie de análisis físico-químicos en 65 aprovechamientos por lo cual los resultados fueron comparados con los límites permisibles (LP) para agua de uso y consumo humano, establecidos en la norma oficial del abastecimientos de agua para uso y consumo con calidad adecuada y que es fundamental para prevenir y evitar la transmisión de enfermedades gastrointestinales con la finalidad de preservar la calidad del agua en los sistemas hasta la entrega del consumidor NOM–127–SSA1–1994 (SSA, 2000).

Así como también se determinó el sodio y los sólidos totales disueltos (SDT) que se encuentran por arriba del LP. En este estudio se determinó la mitad de los sitios analizados presentan fluoruros por arriba de la norma, así como el plomo, fosfatos y el boro. Por lo que se puede considerar que las aguas subterráneas del municipio del valle de Mezquital no cuentan con la calidad de uso y consumo humano mencionado en la norma NOM-127-SSA1-1994 lo que indica si los límites de calidad y tratamiento se deben o no someterse para su potabilización.

Para lo cual se han encontrado con varios parámetros tanto biológicos como físicos y químicos.

Por lo cual los parámetros biológicos son:

Huevos de helminto, estreptococos fecales, coliformes fecales y totales, salmonella,

Entre los parámetros físicos, químicos encontramos, elementos traza, compuestos aromáticos y orgánico. Iones principales, radioactividad, plaguicidas y contaminantes emergentes.

Conforme a la concentraciones de elementos mayores por el ion predominante en las familias de agua el que predomina con mayor concentración es la sódica-bicarbonatada, la mixta y la sulfatada-clorurada ya que rebasaron los límites máximos permisibles establecidos en la norma referida, en la mayoría de las muestras de agua subterránea, se encontraron con concentraciones máximas de 351.5 miligramos de sodio, 0.369 miligramos por litro de arsénico, 20.98 miligramos por litro de nitratos y 1,318.4 miligramos por litro de sulfatos. Por lo tanto, en agua clorurada nos dice que las dos primeras nos indica que el agua es recientemente infiltrada por un poco tiempo de residencia y que a su vez esta es circulada a través de las rocas volcánicas, mientas tanto las otras dos familias están asociadas a una mezcla de contaminación y de agua que son causadas por las acciones antropogénicas porque se han encontrado la presencia de estreptococos fecales.

Entonces en relación con estas concentraciones de elementos químicos principalmente el arsénico que es encontrado en valle de mezquital nos indica que a rebasan los límites permitidos ya que la mayoría de las muestras de agua subterránea, las concentraciones son máximas a 0.369 miligramos por litro de arsénico. Por lo que se podría decir es que en diversos estudios que se han realizado del porque hay arsénico en las aguas subterráneas de este municipio es por tres fuentes fundamentales y una de ellas es que las concentraciones más altas que se tienen resultan de los años de la interacción entre agua y roca ya que se debe principalmente a la oxidación y la disolución de los minerales que contiene arsénico, como por ejemplo en los pozos más profundo y perforados del acuífero valle de mezquital su mayor parte es de caliza por lo que nos dice que tiene mayor concentración de arsénico y es por eso que las aguas subterráneas contienen grandes cantidades de este elemento.

En el artículo El Arsénico en Agua Presencia, cuantificación analítica y mitigación escrito por Dra. Ma. Teresa Alarcón Herrera, Dra. Luz O. Leal Q, Quim. Silvia Miranda N, Ing. Alejandro Benavides M. e Ignacio R. Martín Domínguez nos menciona que el arsénico puede estar presente en el agua.

Ya sea por la disolución y la sedimentación atmosférica. Pero en las aguas superficiales con un alto contenido en oxígeno, la especie más común es el Arsenato (As^{+5}). Y bajo las condiciones de reducción principalmente en los sedientos de aguas subterráneas o lagos, predomina el arsénico trivalente o arsenito (As^{+3}). Por lo cual se considera que el arsénico (As) es el elemento más común en la atmosfera, como en rocas y en los suelos, así como también lo podemos encontrar en la hidrosfera y en la biosfera. En donde este es movilizado al ambiente a través de varias combinaciones de reacciones como los son los procesos naturales de la tierra como la meteorización, actividad biológica, emisión de los volcanes, en donde de igual manera influyen los procesos antropogénicos como el uso de combustibles fósiles, pesticidas, herbicidas, actividad minera, entre otros (USEPA, 2010).

Es aquí donde nos podemos dar cuenta que de donde se podría obtener la cantidad de este elemento ya que el acuífero valle de mezquital está constituido por rocas volcánicas y en estas rocas como son grandes aportadores de arsénico así de igual manera toda esta zona corresponde que es de origen volcánico. Ahora bien, los procesos tanto naturales como antropogénicos pueden tener gran relevancia en la contaminación del acuífero un ejemplo muy importante son las sustancias activas al azul metileno (SAAM) en la que corresponden en su mayoría parte de los detergente y jabones en las muestras realizadas arrojaron un resultado muy alto de este contenido por lo cual arrebozaron los límites permisibles que variaron de 0.191 a 387 miligramos por litro. La concentración de sólidos totales disueltos variaba de 642 a 2,830 miligramos por litro, con 25 muestras que rebasaron los límites máximos permisibles por la norma referida. Y lo que más nos sorprende es que algunos compuestos aromáticos y orgánicos encontrados se encuentran en concentraciones muy bajas a excepción de los trihalometanos en donde exceden el límite máximo permisibles por la norma referida.

Otro aspecto importante es que el en acuífero hubo presencia de concentraciones de ningún plaguicida ni de compuesto semivolátiles, así como también de compuestos por fármacos y productos para el cuidado personal, como son los volátiles, hormonas y fenoles. Cuando estos compuestos emergentes se analizaron arrojaron resultados que no exceden los límites máximos permisibles, por lo cual se puede considerar que las acciones antropogénicas no tienen influencia en este caso por lo tanto se puede decir que no tiene influencia en la contribución de elementos químicos como el arsénico, plomo y fluoruros, lo que nos lleva a pensar que este acuífero y su relación que tiene con los pozos es un proceso de manera natural como se había mencionado anteriormente todo esto debido a su interacción de agua y roca o también se podría decir que como el agua proviene de la Ciudad de México; la mayoría de nosotros sabemos que agua esta demasiada contaminada y al no ser tratada antes de desembocar en el Valle de Mezquital esta puede contener millones de bacterias, elementos con altas concentraciones como lo es esto caso y lo peor de todo es que toda esta agua es ocupada con un volumen de extracción de 137.7 millones de metros cúbicos anuales, de los cuales 76.0 millones de metros cúbicos anuales, que representan el 55.2%, se destinan para usa industrial; 55. Millones de metros cúbicos anuales, que representan el 40%, se destinan para uso público urbano; 4.1 millones de metros cúbicos anuales, que representan el 3.0%, son para uso agrícola; 1.2 millones de metros cúbicos anuales, que representan el 0.9 por ciento, para uso doméstico y, 1.3 millones de metros cúbicos anuales, que representan el 0.9 por ciento para otros usos.

En el estudio hidro-geoquímico de la porción centro-oriental del Valle del Mezquital, Hidalgo. Elaborado el Ing. Rodolfo del Arenal y publicado en la Revista del Instituto de Geología de la Universidad Nacional Autónoma de México, Vol. 6 Núm. 1. 1985. Se distinguen 6 grupos de rocas que corresponden a calizas de origen marino; donde las calizas son intercalaciones de arcillas, lutitas y limolitas; los conglomerados de calizas con derrames de lava y tobas, las rocas volcánicas y aluviones, lavas, cenizas, brechas y depósitos lacustres. Lo que se podría decir es que la existencia de unidades acuíferas: es que la primera somera de tipo libre y con una profundidad variable por lo cual la recarga proviene de la infiltración de agua de lluvia y retornos de riego por el agua que proviene de la Ciudad de México; la segunda unidad es de basaltos parcialmente confinados y la tercera unidad es alojada en rocas calizas cretácicas.

En la tesis de Galván M. (2017). "Caracterización Hidrogeoquímica y vulnerabilidad del acuífero Huichapan - Tecozautla, Estado de Hidalgo" nos menciona que la zona de Huichapan Tecozautla ha sido estudiada, y todo esto en la mayoría enfocado al punto de vista de la prospección geo eléctrica resistiva, con la finalidad de poder determinar la viabilidad de perforación de pozos. Donde se muestra que la vulnerabilidad acuífera es una de las zonas con mayor riesgo a ser vulnerables y estas son: la zona de recarga en Huichapan y en la parte Este de Tecozautla que es donde se encuentran los ríos Tula, San Juan, Tecozautla y San Francisco; así como también se encuentra, la presa de Zimapán que como sabemos que dicha presa cuenta con problemas graves de contaminación. Y como ha de saberse que los municipios de Pachuca, Hidalgo se han alertado que el agua potable es de menos 60 de los 84 municipios de la entidad, se encuentran contaminada con bacterias coliformes y metales pesados, lo cual es muy probable que pongan en riesgo la salud de miles de personas.

Como por ejemplo uno de los casos más graves, advirtió, que se registrara en Zimapán, donde como es de saberse que los pobladores de este municipio no pueden consumir el agua de los pozos, debido a sus altos niveles de arsénico como en este artículo de igual manera nos menciona sobre que el valle de Mezquital se encuentra en alto nivel este elemento.

En caso de Zimapán el arsénico que se registra el fluido, por lo que el ayuntamiento tiene que transportar el agua de los municipios vecinos es por eso por lo que al Valle de Mezquital contiene estos elementos pesados en su agua.

Ahora bien otra de las causas que se pueden encontrar son las de que en Zimapán los pozos están cerrados, los escurrimientos de los residuos mineros afectan los terrenos de cultivo como bien sabemos que lo más importante de Zimapán es que cuenta con varias minas en donde principalmente abunda el elemento arsénico y debido a sus altos contenidos de arsénico es que no se puede hacer nada porque como es en gran cantidad y esto proviene de misma geología que hay en este lugar no se puede acabar este proceso es decir es como una cadena, donde no podemos decir que por el cierre se acabó este problema, queremos o no va a continuar, es algo que está en constante evolución.

En los mantos acuíferos de Actopan, Alfajayucan- Tasquillo, Tecozautla, Tecomulco entre ellos nuestra zona de estudio el Valle de Mezquital, son los que presentan altos niveles de contaminación. Se podría decir que el único acuífero de agua limpia sería el municipio de Apan.

Con respecto a la contaminación de metales pesados que se registran en Tula se ha comprobado que el agua bombeada de los pozos para trasladarla a las redes de agua potable, tienen grandes cantidades de contaminantes como el arsénico, aluminio, plomo y cobre entre otros; como se ha mencionado en todo este artículo es sobre las bacterias coliformes que afectan al agua y esta agua llega a los hogares de la población al menos a 13 municipios de la zona.

Como un ejemplo se tendría a la Laguna de Tecocomulco, que abastece alrededor de ocho municipios, aun cuando en este manto convergen las descargas de drenajes de dimanaciones cercanas.

Otro de los lugares más afectados por la contaminación es Zacualtipán, donde la Minera Autlán, está contaminada con manganeso los mantos freáticos. Ahí se contaminan los ríos Chinguiñas y Canalí en los que la muerte de peces es recurrente.

En otro artículo de Pérez et al., (2001) ¿El agua del Valle del Mezquital, fuente de abastecimiento para el Valle de México?

Nos menciona que posiblemente estos elementos pesado provienen del valle de México como se menciona en lo siguiente: uno de los principales retos que preocupa a la ciudadanía de la Ciudad de México es garantizar las necesidades de 19 m³/s de agua potable que pudiese ser abastecidos a la población en los próximos quince años. Una de las alternativas que intenta realizar es retornar el agua que proviene de las recargas artificiales del Acuífero del Valle del Mezquital, AVM (25 m³/s). Debido a que este acuífero se abastece de las infiltraciones del riego de un agua residual sin tratamiento (drenaje del Valle de México) es aquí donde podríamos pensar que si existe un alto riesgo para reciclar el agua infiltrada los resultado sobre la calidad del agua se encuentran localizados en AVM de donde se analizaron un total de 276 parámetros que corresponden a la normatividad mexicana (NOM-127-SSA1-1994) de la salud ambiental, agua para uso y consumo humano-límites permisibles de calidad y tratamientos a que debe someterse el agua para su potabilización con el fin de asegurar y preservar la calidad del agua en los sistemas, hasta la entrega al consumidor, se debe someter a tratamientos de potabilización y a los criterios de la USEPA (1996) la cual de encarga de la Agencia de Protección Ambiental de proteger la salud humana y proteger el medio ambiente: aire, agua y suelo como en este caso donde se habla de proteger la salud de las poblaciones, OMS (1993) en donde está especializada en gestionar políticas de prevención, promoción e intervención en salud a nivel mundial, se encontró que para poder hacer esta reutilización es necesario que al agua se le realice un tratamiento avanzado que elimine o permita reducir los coliformes fecales y totales con el cálculo para el numero más probable (NMP) (0 y 2 NMP/100 mL), los nitratos (10 mg $N-NO_3$ /L), el nitrógeno amoniacal (0.5 mg N-

NH$_4$/L), así como mercurio (0.001 mg/L), plomo (0.025 mg/L), sodio (200 mg/L) y sólidos disueltos totales (1000 mg/L). El estudio geohidrológico que se determinó en esta zona se puede disponer de 6 m^3/s (en una primera etapa).

Este articulo nos menciona que el agua está más contaminada en el estado de hidalgo y esto nos conlleva a pensar que tenga algo que ver como se ha mencionado a lo largo de este trabajo sobre las agua provenientes de la Ciudad de México están más contaminadas por varios factores como lo son el vertido de desechos industriales y municipales y estos no tratan sus aguas, así como el aumento de la temperatura la cual ocasiona una disminución de oxígeno en su composición, y otra cosa en la que tiene una gran relevancia es la de la deforestación ya especialmente ha habido muchas como por ejemplo las erosiones del suelo lo que si esto ocurre el mismo sedimentos desprendido puede ir al agua y este contiene cantidades de elementos como el arsénico, plomo y fluoruros pues esta es otra situación por la cual podría ser que las aguas subterráneas contenga este elemento. Otra situación al considerarse sería la de arrogar desechos sólidos a los cuerpos de agua como una gran fuente de contaminación.

Esto es de gran relevancia debido a que las poblaciones del Estado de Hidalgo, así como sus municipios están utilizando estos recursos hídricos para sus necesidades básicas como el riego de agricultura y ganadería que es su principal fuente de trabajo ya que es aquí en donde producen: frijol, alfalfa, maíz, trigo, avena, chiles, jitomates y betabel. Así como también cuenta con una pequeña, pero importante producción de cultivos restringidos en una sección menor del Valle de Mezquital (distrito número 100), en el que incluyen lechuga, col, espinacas, rábano, zanahoria, y perejil. En donde en esta sección está protegida por la regulación para el reusó de aguas residuales para el bienestar de la salud.

En el artículo sobre la contaminación del arsénico en aguas subterráneas de castilla de León escrito por Moyano et al., (2013) nos menciona como principal factor la contaminación de arsénico en los suelos y agua es un problema muy severo ya que es un fuerte problema para la salud humana, y todo esto es debido a su potencial de entrada de cadenas tróficas y por lo consiguiente si bioacumulación. Las aguas destinadas al consumo provienen de los acuíferos superficiales o los que están a mayor profundidad con concentraciones de arsénico en las que raramente exceden la cantidad que es recomendada. Un ejemplo que se ha encontrado es en las aguas subterráneas de varias partes del mundo como Argentina, Bangladesh, Chile, China, Hungría, México, Taiwán, EE. UU., etc. En donde estas aguas que proceden de diferentes acuíferos, con profundidad variable y condiciones físico químicas distintas, tanto en entornos oxidantes como reductores superan el límite de 10 µg/l (Smeldley & Kinniburgh, 2002).

En cuanto a la determinación del arsénico ha sido inducido en análisis rutinarios de las aguas potables en las cuales se han encontrado concentraciones superiores a 10µg/l, como en algunas áreas de Castilla y León ubicados en España se han considerado geoquímicamente anómalas dado una concentración de arsénico en las aguas naturales que raramente supera la cantidad (García-Sánchez A., Moyano A. & Mayorga P., 2005). Es de saberse que vendría siendo casi lo mismo ya que nos habla de la interacción que hay entre el agua y la roca ya sea por el desgaste de estas mismas que con el tiempo esto va afectando ya que tiene una gran contribución los animales ya que estos consumen de lo mismo que se siembra y cuando lo desecha, a lo que llamamos cadena trófica en el cual este podría ser otro parámetro que se puede considerar es una alternativa de Abastecimiento para el Valle del Mezquital

En el artículo de Pérez et al. (2001) ¿El agua del Valle del Mezquital, fuente de abastecimiento para el Valle de México? Nos menciona que una de las grandes preocupaciones por la calidad del agua ha originado que el instituto de Ingeniería realice un estudio al agua del Valle del Mezquital, cuando esto fue realizado se sorprendieron por lo que arrojaron los resultados preliminares ya que indicaron que a pesar de la infiltración del agua negra sin tratamiento alguno del Valle de México, nos dice que el agua está en buena calidad y, así ante la cantidad disponible ($25m^3/s$) y la calidad apropiada (Jiménez, 1995), el propósito de esta investigación fue plantear un idea de poder realizar un estudio detallado para evaluar el empleo del acuífero del valle de Mezquital ya que aquí nos menciona que es la fuente de abastecimiento para la ciudad de México así como poder explorar la viabilidad mediante una caracterización exhaustiva del agua, también es de gran importancia analizar las necesidades de potabilización.

Conclusiones

Como resultado de la investigación realizada nos podemos dar cuenta que son varios factores los que nos indican que puede ser a que las aguas del Valle de Mezquital pudieran contener grandes cantidades de arsénico y como principal factor tenemos a que como el agua proviene de otro estado como en este caso que es de la Ciudad de México, por lo cual tal y como viene el agua esta es depositada en el acuífero teniendo grandes cantidades de elementos pesados. Otro factor por considerarse es que al estar en contacto el agua con la roca ya que por el tiempo que puede estar presente conllevaría a que contenga arsénico.

Referencias

Alarcón, T. & Leal, L. & Miranda, S. & Benavides, M. & Domínguez, I.. (2013). Arsénico en Agua. 04/05/2019, de Centro de Investigación en Materiales Avanzados Chihuahua, Chih., México Sitio web: https://cimav.repositorioinstitucional.mx/jspui/bitstream/1004/1056/1/Libro%202013-Arsenico%20en%20el%20Agua%20con%20ISBN.pdf

CASANOVA, M. & GORDILLO, R. & OTAZO, A. & VILLAGÓMEZ, E. ACEVEDO, J. & GARCÍA, P. (2008). MODELACION DE LA CALIDAD DEL AGUA DEL RÍO TULA,

ESTADO DE HIDALGO, MÉXICO. 19/05/19, de Universidad Nacional de Colombia Sitio web: http://www.redalyc.org/pdf/496/49615402.pdf

CONAGUA. (2002). Actualización de la disponibilidad media anual del acuífero Valle de Guadiana. 04/0572019, de CONAGUA Sitio web: https://www.gob.mx/cms/uploads/attachment/file/103634/DR_1003. pdf

Cubas, F. & Llano, M. & Rosenzweig, L. (2014). El misterio del agua subterránea en México. 04/05/2019, de CONAGUA Sitio web: https://agua.org.mx/wp-content/uploads/2017/08/El-misterio-del-agua-subterranea-en-Mexico.pdf

Mayorga, P., Moyano, A., Anawar, H. M., & García-Sánchez, A. (2013). Temporal variation of arsenic and nitrate content in groundwater of the Duero River Basin (Spain). Physics and Chemistry of the Earth, Parts A/B/C, 58, 22-27.

Pérez, R. & Jiménez, R. & Jiménez, E. & Chávez, A. (2001). ¿El agua del Valle del Mezquital, fuente de abastecimiento para el Valle de México? 19/05/19, de UNAM Sitio web: http://www.bvsde.paho.org/bvsaidis/saneab/mexicona/R-0069.pdf

Rodarte, R. & Galindo, E. & Diaz, F. & Fernández, G. (2011). Balance hídrico y calidad del agua subterránea en el acuífero del Valle del Mezquital, México central. 04/05/2019, de Revista Mexicana de Ciencias Geológicas Sitio web: http://satori.geociencias.unam.mx/28-3/(01)Lesser.pdf

Rodarte, E.& Galindo, E. & Díaz, F. & Fernández, G. (2012). Gestión del Agua y Reconstrucción de la Naturaleza En el Valle del Mezquital. 04/05/2019, de UAEH Sitio web:

https://www.uaeh.edu.mx/investigacion/productos/5058/libro_gestio n_agua.pdf

Sandoval, L. & Jauregui, L. &. (1996). TRATAMIENTO DE RESIDUOS DE ARSÉNICO PROVENIENTES DEL TRATAMIENTO DEL AGUA. 28/057019, de Instituto Mexicano de Tecnología del Agua Sitio web: http://www.bvsde.paho.org/bvsaidis/mexico13/006.pdf

Diario Oficial de la Federación. (2016). ACUERDO por el que se da a conocer el resultado de los estudios técnicos de las aguas nacionales subterráneas del acuífero Valle del Mezquital, clave 1310, en el Estado de Hidalgo, Región Hidrológico-Administrativa Aguas del Valle de México.04/05/2019, de SEGOB Sitio web: http://www.dof.gob.mx/nota_detalle.php?codigo=5452731&fecha=1 5/09/2016

Rodríguez, E.& gallego, E. & Domínguez, F. & Pérez, G. (2011). Balance hídrico y calidad del agua subterránea en el acuífero del Valle del Mezquital, México central. 04/0572019, de Revista mexicana de ciencias geológicas Sitio web: http://www.scielo.org.mx/scielo.php?script=sci_arttext&pid=S1026-87742011000300001

ROMERO, H. (1997). EL VALLE DEL MEZQUITAL, MÉXICO. 28/05/1996, de PNUMA, CCAIS, OMS Sitio web: http://www.bvsde.paho.org/eswww/proyecto/repidisc/publica/repindex/repi066/vallemez.html

USEPA. (1996). Mid-Course Review Guidance for the 1-Hour Ozone Nonattainment Areas that Rely on Weight-of-Evidence for Attainment Demonstration. 25/05/2019, de USEPA Sitio web: https://www.epa.gov/

Detección de cadmio, níquel y plomo en el suelo de Yonthe Chico, Alfajayucan Hidalgo

Introducción

En la comunidad de Yonthe Chico se tiende a regar los cultivos con aguas residuales, teniendo acumulación de metales pesados como el Cd, Ni y Pb. La zona de análisis se encuentra en la comunidad de Yonthe Chico, Alfajayucan, Hidalgo. El estudio se llevó a cabo con el fin de determinar si en el suelo existen estos elementos en forma de compuestos estables, dando como resultado que en forma de compuestos inorgánicos no se encuentran dichos elementos, sin embargo, si se encuentran asociados en los compuestos orgánicos, comprobando que a pesar de no poseer denotados elementos el suelo si los retiene.

El Valle del Mezquital es una zona potencialmente agrícola donde se obtiene la cosecha considerable en maíz y forraje siendo el maíz el cultivo principal, con un rango de dos a cuatro toneladas por hectáreas de este alimento al año (SAGARPA, 2016), sin embargo, para el riego de los cultivos se utilizan aguas residuales provenientes del valle de México (Rodríguez et al., 2017). Dicha práctica se ha llevado a cabo a través de la historia como medio de fertilización del suelo la diferencia radica en los componentes del agua y de la manera masiva en la que esta se utiliza, en el caso del Valle del Mezquital la práctica lleva por lo menos 100 años, teniendo como consecuencia la acumulación de metales pesados como el Cd, Ni y Pb en el agua y suelo (Vázquez et al., 2001). Hoy en día se sabe que esta práctica implica afectaciones a la salud y el medic ambiente.

Tarbuck y Lutgens (2005) definen al suelo como: una combinación de materia mineral y orgánica, agua y aire: la porción del regolito que sustenta el crecimiento de las plantas. Por lo tanto, es importante conocer la composición química del suelo. por lo general esta suele contener un 70% de SiO y el resto depende del tipo de suelo y su ambiente de formación.

El municipio de Alfajayucan está a 163 km de distancia de la Ciudad de México, con un tiempo estimado de 2 horas y 31 minutos, geográficamente se encuentra, al occidente del Estado de Hidalgo, dentro del Valle del Mezquital se encuentra ubicado en las coordenadas 20° 24′ latitud norte y 99° 21′ longitud oeste; con una altura de 1,880 metros sobre el nivel del mar (Inafed, 2018).

Por medio un muestreo simple (una sola extracción de ejemplares) se toman fragmentos en forma de zigzag el cual consiste en obtener de 5 a 20 submuestras, con el fin de obtener un muestreo más homogéneo en una parcela de aproximadamente una hectárea ubicada en la comunidad de Yonthe Chico, perteneciente al municipio de Alfajayucan, Hidalgo. El terreno tiene que estar relativamente seco (sin humedad causada por lluvia o riego), posteriormente al momento de realizar el muestreo, En caso de presentar áreas uniformes, diferente color del suelo, erosión o vegetación dividir la parcela por secciones y distribuir el muestreo de acuerdo a ellos.

La obtención de la muestra se llevó a cabo en una primera instancia limpiando la superficie del suelo de su cobertura vegetal, posteriormente se realiza un corte en forma de "V" de unos 15-20 cm de profundidad, se remueve el suelo y se hace a un lado, luego se cava una vez más siguiendo el contorno con una anchura de 3 cm formando una segunda "V". La muestra colectada se coloca en una bolsa o balde, y se limpia la pala, se procede repetidamente en diferentes operaciones.

Cabe destacar que no se deben tomar muestras a la orilla de los caminos, alambrados, bebederos, dormideros, montes, antiguas construcciones o sectores de carga de fertilizantes o agroquímicos debido a que estos han sido contaminados de maneras en que no se puede tener un control específico de los contenidos artificiales y naturales. El tratamiento de la muestra y su peso se determina por el método del cuarteo, en este método se juntan todas las muestras y se mezclan muy bien, posteriormente se ponen a secar a la sombra por 2 o 3 días en un papel dependiendo del porcentaje de humedad extendidos sobre una lona o plástico limpios, se divide en cuatro partes, repetir el proceso hasta obtener un kilogramo de muestra. Posteriormente se determina la concentración de metales pesados en el suelo mediante la técnica de rayos X. Para llevar a cabo esta técnica de estudios lo primero es retirar manualmente separar los fragmentos grandes de muestra que no se hayan removido con el método de cuarteo (Rocas, materia orgánica, etc.), debemos tamizar a malla 20, 50, 75 y 100 hasta obtener aproximadamente 100 gramos de "talco"; se coloca el talco en el porta muestras. Esperar 10 minutos por muestra para que se revelen los resultados de la difracción y una vez obtenida la gráfica se analizan los resultados por medio del programa Match.

Discusión

En forma de compuestos inorgánicos no se encuentran dichos elementos, sin embargo, si se encuentran asociados en los compuestos orgánicos, comprobando que a pesar de no poseer denotados elementos el suelo si los retiene.

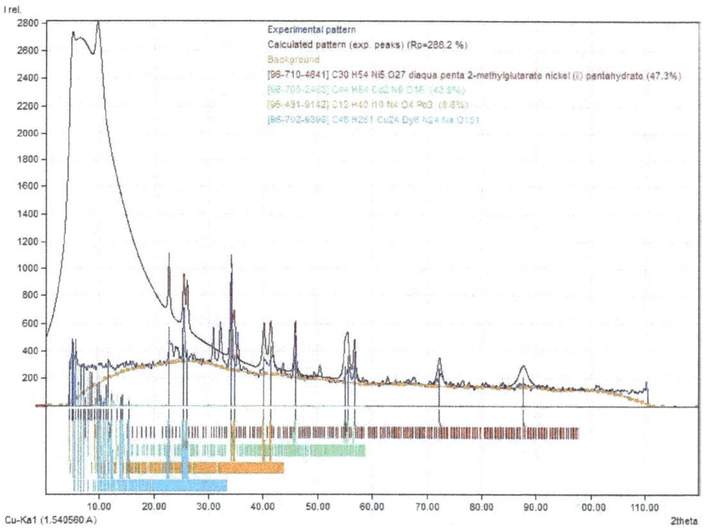

Figura 1. Se observa que la materia orgánica si se mantiene estable con el Ni, Pb y Cd, además de mostrar que también contiene Cu y Na, en el caso de los suelos el contenido de Na indica sodificación de los suelos, lo cual indica que el agua "lava" las sales y otros elementos orgánicos que neutralizan las sales inorgánicas. Un suelo

con este tipo de sales ya no es productivo debido a que quema las

raíces de las plantas (FAO, 2016). (Imagen de edición propia)

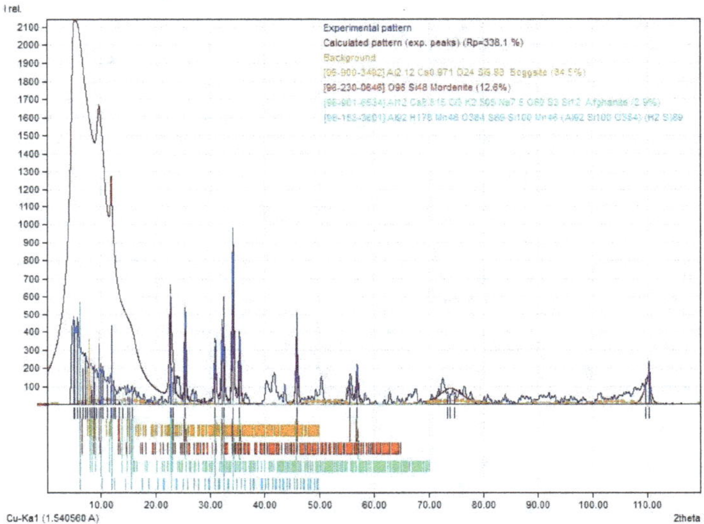

Figura 2. Minerales principales en la muestra de suelo, se observa

que en ninguno de los casos se encuentran los metales pesados ya

mencionados. (Imagen de edición propia)

A largo plazo es posible afectar la composición química del suelo, de tal forma que también afecte a la fertilidad. Desencadenando una serie de acontecimientos perjudiciales como enfermedades causadas por las altas concentraciones de los elementos ya mencionados, pérdida de empleos causando una desestabilización económica o deforestación con el fin de satisfacer la demanda alimentaria de la población cayendo así en un círculo vicioso.

Conclusiones

Aun cuando no se encuentren los elementos Ni y Pb, en forma de compuesto inorgánico no significa que el suelo no lo retenga, al encontrarlo asociado a la materia orgánica comprobamos que si se reservan en el suelo, provocando problemas de fertilidad a largo plazo, sin embargo, la práctica de regadío con aguas negras cambia la composición química del suelo, se han realizado diversos estudios en zonas con casos similares al de Alfajayucan y se ha determinado que la fertilidad del suelo a disminuido. Por lo tanto, es necesario tomar medidas para prevenir dicha situación, la cual puede desencadenar una serie de eventos perjudiciales tanto para el ser humano como para el medio ambiente debido a que es la principal fuente alimenticia y de empleo para los habitantes de esta región.

Referencias

Tarbuck E.J. & Lutgens, F.K. (2005). Ciencias de la Tierra: una introducción a la geología física. (8va. Ed.). Madrid: Pearson Educación

Secretaria de Agricultura, Ganadería, Desarrollo Rural, Pesca y Alimentación (SAGARPA), 2016, Suelos

Food and Agricultural Organization (FAO), 2000, Manual de prácticas integradas de manejo y conservación de suelos

Vázquez-Alarcón, Justin-Cajuste. L., Siebe-Grabach. C., Alcántar-González. G,. Bauer (2001) Cadmio, Níquel y Plomo en agua residual, suelo y cultivos en el Valle del Mezquital, Hidalgo, México

Rodriguez-Martìnez. N,. Sànchez-Herrera. S. G,. Martìnez-Montoya. C. J. (2017) Caracterización Físico - Química de Suelos Agrícolas del Municipio de Francisco I Madero, Hidalgo

Food and Agricultural Organization (FAO), 2016, salinización y solidificación del suelo

http://apps1.semarnat.gob.mx/dgeia/informe15/tema/pdf/Cap3_Suelos.pdf Consulta; 21/05/2019

http://www.webmineral.com/ Consulta 29/05/2019

http://www.inafed.gob.mx/work/enciclopedia/EMM13hidalgo/municipios/13006a.html   Consulta;   28/05/201

Modelo geoquímico conceptual de la evolución del agua subterránea en el valle de México

Introducción.

Un aspecto relevante en el Valle del Mezquital es que recibe aproximadamente 50 m^3/s de agua residual no tratada proveniente de la Ciudad de México, a través del Gran Canal del Desagüe, el Interceptor Poniente y el Emisor Central. Esta agua se utiliza para el riego de alrededor de 45214 ha y parte se infiltra al acuífero. A partir de la interpretación de resultados de análisis químicos (elementos mayores y traza) de agua subterránea de la cuenca del valle de México, se propone un modelo conceptual de la evolución química del agua subterránea con la identificación de los procesos geoquímicos. Para lo que se desarrolló la fórmula de porcentaje de error para cationes y aniones, mediante la cual se obtuvieron resultados muy representativos, los cuales dan a conocer que en el estudio de muestreo no se tomaron en consideración todos los elementos, tanto para aniones como cationes, los cuales se dedujeron de realizar la operación matemática ya mencionada y notar que el porcentaje de error en algunos acuíferos marcan valores positivos o negativos por la ausencia de algún elemento.

El autor de la investigación realizo una revisión de la hidrología superficial, geología y geohidrología de la zona con información de la Comisión Nacional de Agua (CONAGUA) y de Comisión Estatal de Agua y de Alcantarillado del Estado de Hidalgo (CEAAEH). Esta revisión bibliográfica tuvo la finalidad de consolidar la información, con énfasis en la geoquímica que dan origen a las zonas acuíferas. En este estudio se realizó un censo de 70 pozos de aprovechamientos de aguas subterráneas del acuífero del Valle del Mezquital.

Siendo el agua subterránea de la cuenca de México de vital importancia para el abastecimiento a la población. Se requiere que este recurso sea apto para consumo humano, por lo que se considera importante implementar una nueva metodología que el autor no toma en consideración, basado en datos que involucran únicamente la modelación del flujo de agua subterránea sin considerar su calidad, por lo tanto, se puede sobrestimar el volumen de agua subterránea disponible de calidad aceptable (CONAGUA, 2002).

Por lo que en el trabajo se identifican los procesos dominantes responsables de la evolución química del agua subterránea en el valle de México, a partir de información compilada por estudios de muestreo a los cuales se realizaron estudios de laboratorio. Dichos procesos serán señalados con base en la interpretación de la química de los elementos mayores, cálculos por el porcentaje de error en cada acuífero.

A partir de la interpretación de resultados de análisis químicos (elementos mayores y traza) de agua subterránea de la cuenca del valle de México, del reconocimiento del cálculo de error (modelación geoquímica), se propone un modelo conceptual de la evolución química del agua subterránea con la identificación de los procesos geoquímicos dominantes en el contexto hidrogeológico y dinámico del área de estudio (Lesser, 2012).

Para realizar el manejo de información química se realizaron estudios de laboratorio de calidad de agua subterránea del Valle del Mezquital. Los resultados de estos estudios físicos y químicos se obtienen de un promedio de setenta pozos correspondientes al año 1990. En este caso no se tomarán en cuenta parámetros como temperatura, conductividad eléctrica, pH u oxígeno disuelto, porque no representan las condiciones del agua subterránea (Cardona, 1995).

Para comprobar la relativa exactitud de los resultados de los análisis químicos, se utilizó la técnica del balance iónico o condición de electroneutralidad, fundamentada en la neutralidad eléctrica de las muestras de agua, de tal modo que el total de cargas de aniones y cationes calculados con base en los resultados de laboratorio debe de ser igual o al menos muy similar. El total de cargas positivas y negativas se obtiene sumando los equivalentes de aniones y cationes, respectivamente (DGCOH 194). El modelo que se pretende implementar para conocer el error de balance iónico se expresa por la diferencia, como un porcentaje de la suma, de acuerdo con la siguiente expresión:

$$Error = \frac{\sum Cationes - \sum Aniones}{\sum Cationes - \sum Aniones} \, x \, 100\%$$

Discusión

Los resultados obtenidos en este proyecto muestran que después de haber aplicado la operación matemática para conocer la concentración del agua en cationes y aniones basados es la tabla 1.0, se obtuvo un porcentaje de error variado en cuanto a cationes y aniones en los puntos de muestreo. Po lo que se considera el error puede ser un cálculo analítico o a la presencia excepcional de alguna sustancia no analizada, esto se deduce porque el porcentaje de error suelen admitirse en un rango de <10% en aguas poco salinas y <1%

o 2% en aguas con más de 1000 mg/L. Y como se puede observar en el gráfico 2.0 el porcentaje de error en algunos acuíferos se dispara de una manera incomparable.

Figura 1. Cálculo de error por puntos de muestreo. a) Acuífero libre-rocas volcánica, mayor concentración de aniones. b) Acuífero libre-rocas volcánicas-material granular, concentración de aniones. c) Acuífero Semiconfinado-material granular, la concentración se ve favorecida a cationes. d) Acuífero libre, concentración de cationes. (Imágenes de edición propia)

Entonces aún más concreto en la Figura 1, se observa que efectivamente los acuíferos tienen un porcentaje de error en aniones y cationes, esta deducción es porque ambas cargas tienen que mantener un equilibrio y en el gráfico se observa claramente la falta de algún elemento que mantenga las cargas en equilibrio.

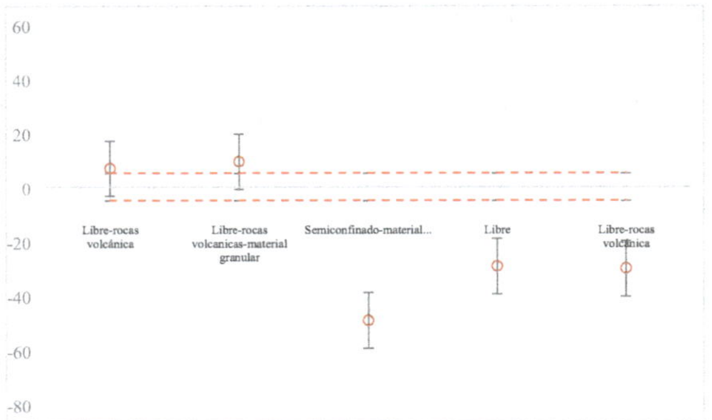

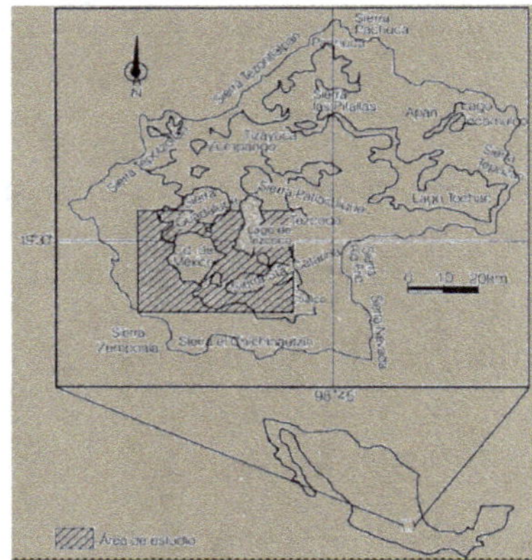

Gráfica 2.0 Error por acuífero (Imagen de edición propia)

Fig.2. Área de estudio, Valle del Mezquital. (Imagen de edición

propia)

Conclusiones

La gran variedad de componentes y características fisicoquímicas del agua exige su clasificación para tener una información breve y sencilla sobre la composición química del agua de que se trate y de los aspectos de esta. Estas clasificaciones tienen aplicaciones prácticas inmediatas, aunque su finalidad es, simplemente la de agrupación de aguas que presentan características comunes. Por lo que los criterios que se utilizan para la clasificación geoquímica de las aguas son múltiples y a menudo complicados.

Por los procesos y reacciones que ocasionan la evolución de la calidad del agua subterránea del Valle del Mezquital, se piensa que algunos elementos no fueron considerados y que puede estar causando un disturbio en los resultados calculados. Por estos elementos faltantes pueden provenir de las zonas más céntricas, ya que el agua del Valle del Mezquital tiene un recorrido por innumerables industrias que son las posibles fuentes de aporte de metales o surfactantes que tienden a ser los elementos importantes que no se consideran.

Se observa la variación de concentraciones por los gráficos anteriormente presentados, donde tres de los acuíferos presentan concentraciones negativas que quiere decir que no se consideran todos los elementos de cationes y en los dos últimos acuíferos no se consideran todos los aniones, teniendo concentraciones variadas. Entonces las concentraciones que se manejan en la bibliografía no serían las más adecuadas para tomar una decisión en cuanto a que el agua se capta para consumo humano e incluso para riego de parcelas.

Referencias

Lesser-Carrillo, E, Luis., Balance hídrico y calidad del agua subterránea en el acuífero del Valle del Mezquital, México   central (2011), Revista Mexicana de Ciencias Geológicas, Número, 28(3): p 323-336.

Vázquez Sánchez, E. y R. Jaimes Palomera. Geología de la Cuenca de México (1989). Geof. Inter. V. No. 2: p 13-190.

Comisión Nacional del Agua (CONAGUA) (2002), Determinación de la disponibilidad del agua en el Acuífero del Valle del Mezquital, Estado de Hidalgo, Reporte interno: p 25.

Cardona-Antonio, Modelo geoquímico conceptual de la evolución del agua subterránea en el Valle de México (1995), Ingeniería Hidráulica en México, Número, 3: p 71-90

Dirección General de Construcción y Operación Hidráulica, DGCOH (194). Diagnóstico de las aguas subterráneas y determinación de sus condiciones futuras para la Ciudad de México. Estudio a contrato elaborado por el instituto de Geofísica 130p. México.

Contaminación por metales pesados en suelos agrícolas en la zona centro de la localidad de San Juan Tepa

Introducción

Los metales pueden ser transportados a través de aguas residuales, y que, al tener altos niveles de concentración, se vuelven tóxicos. En la localidad de San Juan Tepa se hace uso de aguas residuales para llevar a cabo la principal actividad económica como lo es la Agricultura de distintos productos vegetales, por lo tanto se realizó un análisis cualitativo y semicuantitativo a través del equipo de difracción de rayos X de 2 muestras tomadas de zona centro a obtenidas de la realización de un muestreo sistemático de rejilla polar de suelo, arrojando como resultado de la muestra M1IJ la presencia de SiO_2 y As y de la segunda muestra M2IJ se obtuvo As, SiO_2, Cr_3, Ca, K_4, Nb_6, Cd, P, Mg, Pd.

El suelo, es la capa más superficial de la corteza terrestre el cual constituye uno de los recursos naturales más importantes con el que contamos, al ser el substrato que sustenta la vida en el planeta. Su importancia radica en que es un elemento natural dinámico y vivo que a su vez constituye la interfaz entre la atmósfera, la litosfera, la biosfera y la hidrosfera, sistemas con los que mantiene un continuo intercambio de materia y energía. Esto hace que sea una pieza clave del desarrollo de los ciclos biogeoquímicos superficiales y le confiere la capacidad para desarrollar una serie de funciones esenciales en la naturaleza de carácter medioambiental, ecológico, económico, social y cultural. (Volke et al., 2005)

Actualmente a nivel mundial la reutilización del agua residual principalmente para los sectores industriales y agrícolas se extiende a la par de la demanda de más y mejores productos alimenticios de origen animal y vegetal. México ocupa el segundo lugar de países que mayor agua residual emplea para el riego de grandes extensiones agrícolas; aproximadamente 350 000 ha, en donde se cultivan especies vegetales para el consumo básico. (Mara & Carincross, 1990)

El Instituto Nacional de Ecología (INE), estima que alrededor de 44.3% de las aguas residuales generadas en México, son utilizadas en la agricultura sin tener un tratamiento previo. (SEDESOL-INE, 1993)

En México, existe más de 30 zonas importantes donde la irrigación agrícola depende de las aguas residuales y donde la mayoría de los casos, no hay vigilancia ni control sanitario para el reúso de este recurso, cómo es el caso de la zona del Valle del Mezquital. (Cajuste et al., 1991). El clima representativo de esta zona crea la necesidad de utilizar aguas residuales provenientes de la zona metropolitana; sin embargo, esta agua contiene una gran cantidad de contaminantes orgánicos e inorgánicos tales como, bacterias, minerales y otros compuestos tóxicos. Con el uso continuo de estas aguas se puede conducir a la contaminación del suelo ya que lo va deteriorando químicamente provocando la pérdida parcial o total de la productividad a causa de la acumulación de sustancias tóxicas en concentraciones que superan el poder de amortiguación natural del suelo y que modifican negativamente sus propiedades, ocasionado problemas ambientales y a la salud de la población.

Existen diversos trabajos de investigación en donde se ha evaluado y dado prioridad a la contaminación de los suelos agrícolas por el uso de aguas residuales y otros componentes químicos, considerando los procesos de acumulación y distribución de metales bajo diferentes ambientes, (Carrillo & Cajuste, 1995) reportan que en el Valle del Mezquital, existen concentraciones de metales pesados contaminantes en el suelo y que estos rebasan los límites permisibles establecidos por normas oficiales como las de la comunidad Europea, representando importantes riesgos en el medio ambiente, concluyendo que las aguas negras empleadas para el riego, que, han incrementado las concentraciones de metales pesados en suelos del Valle del Mezquital, pero estos se encuentran por debajo de los niveles máximos considerados como permisibles por otros autores, por lo que no se puede considerar un nivel importante de contaminación pero que estos niveles, si pueden ser dañinos para las plantas y animales a largo plazo, considerando que los niveles se han incrementado a partir de las tres últimas décadas. Mejía et al. (1990), determinaron que la concentración de metales pesados en maíz y alfalfa correspondía directamente con la concentración de metales disponibles en el suelo. Reportaron que la varianza de la concentración de metales pesados dentro de los vegetales cultivados en el Valle del Mezquital ha variado conforme a la antigüedad de riego.

Este trabajo se enfoca al tema de contaminación por metales pesados, por lo cual se plantea realizar un análisis de laboratorio por difracción de rayos X (DFR) empleando el difractómetro Intel de fabricación francesa el cual emplea un tubo de cobalto para determinar los contaminantes con mayor impacto negativo en el suelo y así poder tomar las medidas necesarias para neutralizar y/o tratar de eliminar el problema en la localidad de San Juan Tepa, Hidalgo.

La difracción de rayos X (DRX) es una de las técnicas más eficaces para el análisis cualitativo y cuantitativo de fases cristalinas de cualquier tipo de material, tanto natural como sintético y que es utilizada en distintas áreas por ejemplo: cristalografía, estratigrafía, geodinámica, mineralogía, paleontología, petrología y geoquímica, geotecnia, ingeniería civil, ciencias ambientales, áreas de química, edafología, metalurgia, cerámica, farmacia, ciencia de materiales, patrimonio, arqueometría, etc.

En este caso se tomará en cuenta la NOM-147-SEMARNAT/SS-2004 que establece criterios para determinar las concentraciones de remediación de suelos contaminados por arsénico, bario, berilio, cadmio, cromo hexavalente, mercurio, níquel, plata, plomo, selenio, talio y/o vanadio, considerados metales pesados.

Tabla 1. Concentraciones de referencia totales de acuerdo con la norma NOM-147-SEMARNAT/SS-2004 (Tabla obtenida de SEMARNAT)

Área de estudio

San Juan Tepa es una localidad de México perteneciente al municipio de Francisco I. Madero en el estado de Hidalgo. Las muestras fueron tomadas de dos terrenos diferentes al cual le

Contaminante	Uso agrícola/residencial /comercial (mg/kg)	Uso industrial (mg/kg)
Arsénico	22	260
Bario	5 400	67 000
Berilio	150	1900
Cadmio	37	450
Cromo Hexavalente	280	510
Mercurio	23	310
Níquel	1 600	20 000
Plata	390	5 100
Plomo	400	800
Selenio	390	5 100
Talio	5,2	67
Vanadio	78	1000

NOTA:
a. En caso de que se presenten diversos usos del suelo en un sitio, debe considerarse el uso que predomine.
b. Cuando en los programas de ordenamiento ecológico y de desarrollo urbano no estén establecidos los usos del suelo, se usará el valor residencial.

corresponde las coordenadas   20°13'11.60"N/99° 3'44.78"O para el terreno 1 y 20°13'8.09"N/ 99° 3'40.15"O para el terreno 2 para realizar un análisis cualitativo respecto a los metales de esa zona.

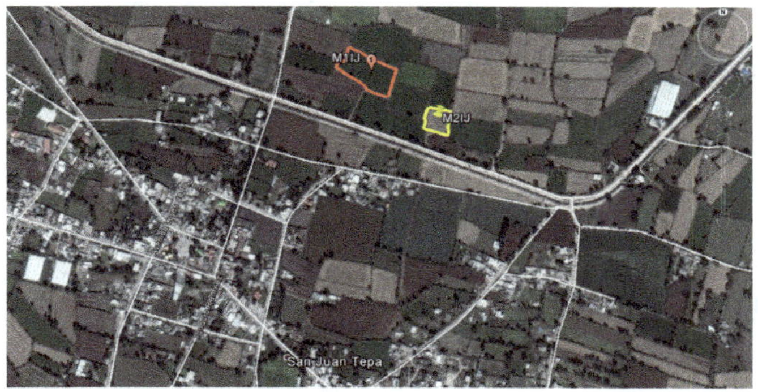

Figura 1. Ubicación de los terrenos analizados, marcados como

M1IJ y M2IJ localizados en la comunidad de San Juan Tepa.

(Imagen tomada con Google Maps)

Recolección de muestras

Se recolectaron 10 submuestras de suelo de cada uno de los terrenos de aproximadamente 1kg. cada una, las cuales se tomaron a una profundidad de 40 cm. y a una distancia de 8 metros entre cada punto utilizando una pala plana. Cada submuestra se empaco en bolsas de plásticos y se depositaron en 2 costales uno para cada terreno. El muestreo sistemático por rejilla polar es el que se empleó para poder homogenizar las 10 muestras de cada terreno y así solo obtener una muestra compuesta de 2 kg. de cada uno, se embazaron y etiquetaron con las leyendas M1IJ y M2IIJ respectivamente.

Tratamiento de muestras

Las dos muestras compuestas se pusieron a secar sobre hojas de papel periódico durante tres días a temperatura ambiente, posteriormente se tamizaron con malla 80 y 100 μm, el suelo tamizado se empaco en dos bolsas de plástico las cuales se volvieron a etiquetar.

Para el análisis de rayos X se limpiaron los materiales de laboratorio que se requerían para el análisis con acetona y toallas de papel, en este caso se utilizó porta muestra de aluminio, espátula y portaobjetos de vidrio de 1cm de grosor. Colocando con ayuda de una espátula el suelo correspondiente a M1IJ en el dispositivo porta muestra de aluminio y se generó presión con el portaobjetos de vidrio, así mismo se limpió la circunferencia de la caja porta muestra para quitar el suelo restante. Posteriormente introducimos el porta muestras al difractómetro de rayos x y se programó desde una computadora el tiempo de análisis a 10 minutos, cumplido el lapso se obtuvieron los resultados correspondientes a el contenido de elementos y un aproximado de su contenido representados en una gráfica, se retiró la muestra del equipo y se realizó el mismo procedimiento para la muestra M2IJ. De igual manera través del software Match se hizo la interpretación de los valores que se mostraban en las dos graficas obtenidas por el difractómetro de rayos X para conocer el contenido cualitativo y cuantitativo de elementos presentes en la muestra apoyándonos de la base de datos del software.

Discusión

M1IJ

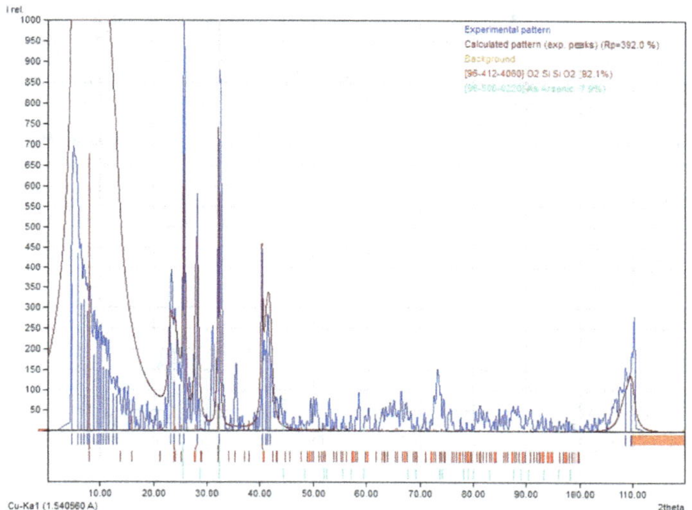

Figura 2. Resultados del difractómetro de rayos X de la muestra

M1IJ, analizados con el software "MATCH". (Imagen de edición

propia)

Elementos: SiO_2 y As

De acuerdo a lo presentado en la Figura 2 correspondiente a un

difractograma perteneciente a la muestra de suelo M1IJ realizado en

el software match, muestra como resultado que el suelo tiene como

elemento principal dióxido de silicio (SiO_2) en un 92.1%

83

aproximadamente, la razón por la que se obtiene en gran porcentaje es debido a que constituye al segundo elemento con mayor abundancia en la corteza terrestre pero que en la naturaleza se encuentra en estado oxidado como se obtuvo en los resultados, representado como dióxido de silicio (SiO_2) lo que a su vez implica un beneficio para la actividad agrícola ya que tiene muchos a portes hacia la planta principalmente.

Por otra parte existe la presencia de arsénico (As) en un 7.99% aproximadamente, como sabemos es uno de los metaloides más tóxicos presentes en el medio ambiente y la especiación de éste depende de diversos factores químicos, físicos y biológicos, mientras que su distribución y contaminación se debe a procesos naturales y antropogénicos (Rangel, et al 2015) , en el caso de la disposición de este elemento en el área de estudio se debe a que el agua residual con la que se riegan los cultivos ya está contamina con dicho metal, ya que las condiciones geológicas de la región no corresponden a la presencia de arsénico.

M2IJ

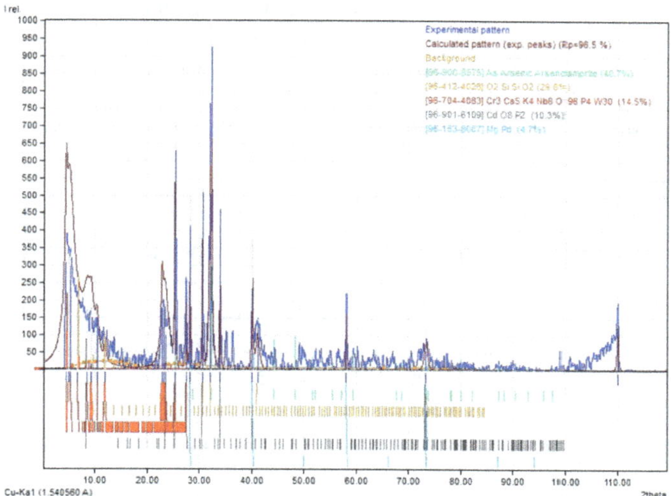

Figura 3. Resultados del difractómetro de rayos X de la muestra M2IJ, analizados con el software "MATCH". (Imagen de edición propia)

Elementos: As, SiO$_2$, Cr$_3$, Ca$_5$, K$_4$, Nb$_6$, Cd, P, Mg, Pd.

De acuerdo a lo expuesto en la figura 3 correspondiente a un difractograma perteneciente a la muestra de suelo M2IJ realizado en el software match, proporciona un resultado cualitativo dando como resulta la presencia de Arsénico (As) en un 40.7% lo cual es un valor demasiado elevado, de modo que podría ser por la infinidad de veces que ha sido inundado el terreno ocasionando que la concentración sea mayor.

De igual modo se encuentra el dióxido de silicio (SiO_2) el cual ya se explicó en el apartado del difractograma de la muestra M1IJ, aunque en esta muestra se encuentra en tan solo un 29.8%

El Magnesio (Mg) es un nutriente esencial para las plantas ya que es clave para una amplia gama de funciones en los vegetales. Uno de los papeles bien conocidos del magnesio se encuentra en el proceso de la fotosíntesis, ya que es un componente básico de la clorofila, la molécula que da a las plantas su color verde por otra parte la deficiencia de magnesio puede ser un factor importante que limita la producción de cultivos. La presencia de Paladio (Pd) en esta área se debe a que está contenido en las aguas residuales las cuales contiene desechos de tipo industrial etc. Ya que el elemento no es común en la zona. Ambos elementos constituyen un 4.7% del total de la muestra.

El Cadmio (Cd) en suelo representa toxicidad, aunque esta sea en concentraciones menores, tal elemento se debe al incremento de concentraciones a causa de la irrigación con agua residual para los cultivos de esta zona ya que el difractograma asigna un valor aproximado de 10.3%, en conjunto con el Fosforo (P) y Oxígeno (O) pero estos presentes como elementos orgánicos y que conforman parte esencial del suelo.

El Cromo en estado de oxidación (Cr_3) es de los más tóxicos, de acuerdo con el tipo de roca madre correspondiente a la zona (rocas de origen ígneo y sedimentario), se infiere que la presencia este dada por las aguas residuales ya que contienen desechos industriales de curtiduría ya que es una de las que más aporta a la contaminación por este elemento, debido al uso de sales de cromo para el procesado de las pieles (Carrillo et al., 2011), así mismo el Niobio (Nb) proviene de objeto metálicos, cristales, joyería etc. Que vienen disueltas en el agua. En cuanto al Potasio (K) y Calcio (Ca) son un componente esencial que constituye el suelo, y que la combinación de estos cuatro elementos suma un total de 14.5%.

Conclusiones

De acuerdo al resultado del análisis de suelo a través del difractómetro de rayos X se puede concluir que los suelos ubicados en la zona centro de la localidad de San Juan Tepa existe la presencia de metales pesados y que estos fueron transportados por las aguas residuales provenientes de la zona metropolitana del país por lo tanto contienen una gran variedad de desechos tóxicos y que a su vez son depositados en el suelo de la región, sin embargo se debe de considerar la cantidad de inundaciones (riegos) que un terreno ha sufrido a lo largo de décadas y que esto propicia que la concentración aumente y se vuelva más peligroso.

De igual modo se tiene que destacar la presencia de Arsénico (As) ya que no existe mucha bibliografía o antecedentes que reporten este elemento en cantidades elevadas a lo que el suelo se refiere, es un tema al que se le debe de brindar mayor interés para que posteriormente no tenga una repercusión negativa en la población.

Finalmente se sugiere realizar un análisis cuantitativo para determinar la cantidad de cada elemento presente, para así poder establecer que elementos rebasan los límites máximos permisibles de acuerdo con las normas publicadas por SEMARNAT o inclusive con algunas de las que se manejan a nivel internacional, todo esto con el fin de encontrar soluciones o dar tratamiento si así lo requiere a un suelo contaminado.

Referencias

Cajuste, L., Carrillo, R., Cota, E., & Lair, R. (1991). The distribution of metals from wasterwater in the Mexican Valley of mezquital: Water, Air and soils pollution. V. 57 – 58, pp. 763-771.

Carrillo, L.E., Lesser, J.M., Arellano, S. & González, D. (2011). Balance hídrico y calidad del agua subterránea en el acuífero del Valle del Mezquital central: Revista mexicana de ciencias geológicas. V.28 Num. 3 pp 323-336

Carrillo, R. & Cajuste, L. (1995) . Behavior of trace metals in soils of Hidalgo, Mexico: Journal of Eviromental Science and Health. V. 30, no. 1, pp. 143 – 155.

Mará, D. & Cairncross S. (1990). Directrices para el uso sin riesgos de aguas residuales y excretas en agricultura y acuicultura. España: OPS/PNUMA.

Mejía, B. S., Sanchez, B. G., Hernández, S., Flores, D., Villareal L., Guajardo,R. (1990). Metales pesados en maíz, alfalfa y su correlación con los estractantes en suelos del DDR 063, Hgo. En: Primer Simposium Nacional de Degradación del Suelo. Instituto de Geología. UNAM. pp. 42-43

Rangel E.A., Montañez, L.E., Luevanos, M.P. & Balagurusamy, N. (2015) Impact of arsenic on the environment and its microbial transformation: Scielo. V.33 Num.33.

SEDESOL., INE. (1993). Informe de la situación general en materia de equilibrio ecológico y protección al ambiente: 1991-1992. México.

Volke, T., et al. (2005). Suelos contaminados por metales y metaloides: muestreo y alternativas para su remediación. Instituto Nacional de Ecología. SEMARNAT. México.

UCM (https://www.ucm.es/tecnicasgeologicas/difraccion-de-rayos-x-drx) Consulta: 22 de Mayo del 2019.

SEMARNAT
(https://www.profepa.gob.mx/innovaportal/file/1392/1/nom-147-semarnat_ssa1-2004.pdf) Consulta: 22 de Mayo de 2019.

Cárcamo, M., (2017). Importancia del silicio en el suelo y de su cuantificación. (http://fusades.org/lo-ultimo/blog/importancia-del-silicio-en-el-suelo-y-de-su-cuantificacion) Consulta: 30 de Mayo de 2019.

SMART (https://www.smart-fertilizer.com/es/articles/magnesium) Consulta: 30 de Mayo de 2019.

Contraportada

Geoquímica del Valle del Mezquital es una recopilación de trabajos de investigación realizados por estudiantes de la carrera de geología ambiental del Área Académica de Ciencias de la Tierra y Materiales de la Universidad Autónoma del Estado de Hidalgo. El Dr. José Ángel Cobos Murcia como una herramienta de evaluación emplea el recurso del proyecto, en el cual el alumno debe desarrollar un proyecto de investigación para resolver una problemática de interés propio y no una imposición del programa educativo. Así, el profesor coordinó el trabajo para recopilar un compendio y la posterior edición de parte del Dr. Sinuhé Ruiz Salgado, para la integración de los estudios geoquímicos en esta región del estado de Hidalgo y de esta manera contribuir al acervo cultural de la región y al enriquecimiento académico.